建築土木

内藤　廣

1

構築物の風景

鹿島出版会

建築土木 1

構築物の風景

はじめに　建土築木

建土築木、これがここ何年か私がやっていることだ。もちろん、これは私の心の中に浮かんだ呪文のようなもので、この言葉にもっともらしい由来があるわけではない。土木という言葉の由来は、どうもあまり出自がはっきりとはしていないらしい。中国の古典である淮南子《えなんじ》に築土構木という言葉があり、どうやらそれらしいということになっているが誰がいつ名付けたのか定かではない。いずれにせよ建築という言葉と同じく明治造語のひとつだろう。

単純な発想だが、建築と土木を混ぜ合わせるには新しい言葉が要る。土建木築ではどうもゴロがよくない。音からすれば、やはり建土築木だろう。どちらがエライというわけでもない。そもそもそんなことばかりお互いに言ってきたから、風景がこんなになってしまったのだ。

建築家としてのキャリアを積んできて、そのまま粛々と建築だけをつくり続けて一生を過ごすのかと思ってきたが、五十歳を過ぎて篠原修さんの誘いを受けて土木学科（今はなぜか社会基盤という名前になっている）で教鞭をとっている。土木の分野に建築のＤＮＡを移植するのが役割だ。

大学で建築を勉強し、建築家のもとで修行をし、建築事務所を持つ、という典型的な建築家への道を歩んできたが、何の疑問もなく歩いてきたわけではない。内実はそれとは正反対だ。いつも建築という得体の知れないものに対する根深い不信の念を払拭できないでいた。これが建築という価値そのものを問い直したい、という衝動に繋がっている。また、土木という分野へ引き寄せられた一因なのだと思っている。人生何が起こるか分からない。あらかじめ考えていたようにはゆかない、思ってもみない方向へと転回する、それが人生だ。だから面白い。

私は、土木の人たちからすれば建築の世界から来た客人、建築の人たちからすれば土木に行った変わり者、というように思われているに違いない。かくして私は、どちらにも属さない旅人となった。のたれ死にするかも知れないが、ひしひしと感じているこの孤立感がなかなか良い。今立っている場所からしか見えないことがたくさんある。それを書き記しておきたい。

●——目次

百年の断絶

ふたつの世界を覗き見ることになって思うことがある。客観的に見て、それぞれ良いところと悪いところがある。お互いに悪いところを詰り合って、これまではあまり仲が良かったとはいえない。明治以来、別々にやってきてできた谷間は、ため息が出るほど深い。しかし、良いところを組み合わせれば、ものすごく大きなパワーになることは間違いない。どちらの分野に属する人も、そのことにあまり気付いていない。

建築の側から土木を見ると、土木は組織がしっかりしていて、保守的で動きが鈍く、文化的なことに関心が薄い、というように映っているらしい。事実、私もそういうイメージをかつては持っていた。いざその中に身を置いてみると、確かにそういう面もあるが、それはそれなりに理由もあるのが分かる。土木の本懐は、森羅万象の自然に対してどのように人間の生活圏を確保するか、というのが基本で、そのための英知が土木工学なのだという志が誰の胸にも確固としてある。森羅万象に対応するには、しっかりしたフォーメーションが欠かせないし、思いつきで動くわけにもいかないから保守的な考えに片寄りがちになる。また、もともとそうではなかったはずなのだが、まず、機能的に対応することが必要なので、いきおい文化的なことは後回しになるか付け足しになりがちだ。

一方、土木の側から建築を見ると、いかにもデザインに関心のある人ばかりに見えるらしい。建築が好き勝手にやってきたから街がこんなになってしまったのだ、という思いが強い。自分たちが自然や都市と格闘してつくり上げた余剰を、勝手気ままに蕩尽《とうじん》しているのが建築ではないか、と少なからず考えている。だから、建築の人が何かの機会に社会的な発言をしても、なんだかんだ言ってもそれも自己表現なんじゃないか、ということになる。

建築はまぎれもなく文化の中心であり、最前線で人々の生活を支える技術そのものだ。しかし、建築を自己表現の場として割り切ってしまうことには否定的だ。難しいのは、いったんこれを否定してしまうと、建築家は身動きがとれなくなる。建築家は、個人として、また、表現者として生業を立てているからだ。どんな局面でも個性が求められ、その個性の発揮の仕方によって仕事を得ることができる。建築家がどんなに技術的な中立性や社会的な匿名性を志向しても、それでは仕事を手にできない。

よく考えてみれば、もともと大きな矛盾を根底に抱えている職業だといえる。要は、それを見ようとするか、見ないで過ごすかによって、困難の度合いが著しく違ってくるということだ。私の場合は、生来の思考の不器用さ、言い換えれば頭の悪さと要領の悪さが手伝って、この根底にある矛盾から目をそらすことができなかった。矛盾を抱えながら、どこかの隘路《あいろ》を抜けてそれを乗り越えることにしか救いがない。これが建築家として不幸の元で、よく考えてみれば思ってもみなかった方向、つまり土木へと足を踏み出す一因ともなった。

しかし、これが言葉で言うほど容易くはない。建築と土木の間には、百年の断絶がある。工学的には数多くの重なる領域を持ち、本来なら兄弟のような存在なのだが、とかく兄弟というのは仲の悪いものだ。それぞれ全く異なる文化を育ててきた。常識で考えれば、このふたつの分野の境界が融けてなくなるには、あと五十年ぐらいはかかる。しかし、世の中はそれを待っていてはくれないだろう。

人口が減少傾向に転じ、少子高齢化が社会構造の地殻変動をもたらし、山河は荒れ、どの地方都市も窮地に立たされつつある。景観法が施行され、世の中の潮目も変わった。戦後五十年、経済復興と拡大経済を前提とした社会システムは、明らかに賞味期限が切れているのだ。新しいシステムを構築する必要がある。分野の谷間などと悠長なことを言っている時間はない。分野の谷間などは、もともと大学というアカデミズムがつくり出したものではないか。乗り越えるべきだ。否、もし社会が必要としているなら、境界など踏み越えるべきだ。建築と土木、と言っていたのでは物足りない。建土築木、この呪文の中には、人間社会のために建築と土木を混ぜ合わせること、それらの悪いところを切り捨て、良いところを混ぜ合わせること、ただひたすらそれに対する思いがある。踏み越えるには勇気がいる。

その時、子供のように心の中で呪文を唱えて自分を奮い立たせる。建土築木、建土築木、建土築木。これがけっこう効くのだ。この言葉を唱えると、些末なことが気にならなくなる。建土築木、なにより密教の呪文のように謎めいて響きも良いではないか。

構築物の後ろ姿

東京はミニバブル、超高層ラッシュだ。マンハッタンみたいになりたい、まごまごしていると上海に遅れをとる、空中を飛んでいるような金を引き寄せて投資と回収のマネーゲームに乗り損なえば敗者になってしまう、そんな慌てた気分が伝わってくる。タケノコのように勢いよく建ち上がっていく様を見ていると、そんなに頑張らなくても、と声を掛けたくなる。

その一方で、巨大開発の足元を埋め尽くしている住宅地や無計画に密集した街区の風景を眺めていると、息が詰まるような気分にも襲われる。飽和とは、こうした状態のことをいうのだろう。どうすればよいのか。どちらに向けて歩き出したらよいのか。そんな思いに駆られることも多い。あっさりと切り捨てられない、割り切れないのは、おそらく私自身がこの景色を懐かしく思っているからだろう。無数の構築物、それらは高度成長の過程で愚かだがささやかな希望を背負って、無心につくられてきたものたちだからだ。

どんな構築物も人間の業を背負っている。しかし、それを承知で構築に向かうのと、金に目がくらんで何も見えないで向かうのとは、志の有り様もその構築物に託されたメッセージの重みも大いに異なってくる。

子供の頃、横浜の郊外、保土ヶ谷の近くに住んでいた。記憶にある風景には、まだ戦後の匂いが残っていた。たまに祖母に手を引かれて街に出ると、米兵が闊歩していた。鼻の高い米兵は誰も同じ顔に見えたし、大柄な風体は恐ろしかった。鉄道の周辺にはトタン屋根のバラックが建ち並んでいた。川といえば小さなどぶ川や運河ばかりで、夏ともなれば臭いがひどかった。横浜近郊でも田畑はかなり残っていたから、肥溜めや田圃の土の臭いも記憶の底に残っている。少し分別がつき始めた青年期、東京へ行く電車に乗ると、車窓の風景は絶望をそのまま表したかのような悲惨なものだった。鉛色の空、遠くに見える工場の煙、建て直らないままのバラックの家並み、禍々しい小さな新築の住宅、コンクリートのアパートの群れ。この風景は変えようがないという諦めにも近い気持ちを抱いたのを覚えている。

そうした風景を眺めて大学に通った。大学はおおかたロックアウトだったが、たまに聴く授業では、ガラス張りの近代建築、真っ白なモダニズム、目の前の現実とはかけ離れた別世界の出来事を教わった。そうこうしているうちに、建築という幻の世界に引き込まれていった。生々しい現実、風景に対するある種の思考停止。身の回りの風景については考えないことにしよう。西欧の風景にはとても及ばない。西欧文化に対する羨望とも卑屈とも付かない感情が心の底に芽生えた。かつてのこんな捻れた感情が建築を目指す学生たちの心の土台をつくっている。この時期、我が国で起きていたことは同じだ。土木も事情は似たようなものだったのではないか。

私のこうしたいくつかの原体験から数十年が過ぎ、世の中も変わった。経済的な高度成長を

東京大空襲で木造家屋の建ち並ぶ市街地は一面焼け野原になった(下/提供:毎日新聞社)。それから60年、目の前にある風景はこのわずかな年月の間につくられたものだ。あくせく必死で働いて手に入れた雑然とした風景には、いささか物悲しさが伴う。それも戦後の現実だったのだ(上)。

遂げ、新しい建物もずいぶんと建った。環境問題がクローズアップされ、空もきれいになった。川も性能一辺倒から多自然型を目指すようになって変わりつつある。焼跡不法占拠のなごりのようなバラックも消えた。新興住宅地も樹木が育ち、それなりに落ち着いてきた。コンクリートのアパートの多くは、耐用年限を過ぎて取り壊され、タイル貼りのマンションへと姿を変えた。

焼け跡の経済復興から高度成長を経て、かつて見た風景は大きく変身を遂げた。それなりの資本投下がされたのだ。しかし、今見る風景には、なにかやりきれない気持ちになるような行き詰まり感がある。何かが決定的に足りない。たしかに、見掛けはそれなりに改善はされている。しかし、かつての風景が持っていた、リアルな現実を生き延びようとするザラザラとした手触りが抜け落ちている。

私は、ない物ねだりをしているのだろうか。復興の風景や高度成長下の風景に絶望感を抱いたものの、それがそこそこなんとかなりつつある現在の風景にそれとは別種の不満を感じている。戦後の焼跡から立ち直る膨大なエネルギーの行き着く先に、みんなが求めていた風景がこれなのか、と思うと切ない気持ちになる。風景の背後に見え隠れしているのは、小さな理想、そこそこの希望、そんなものの欠片が無数に達成されただけという情けなさがある。街としての誇りや文化をどのように構築するかという意志、さらには尊厳や品格が欠落している。そうしたことに対する諦めの気持ちがこの風景を生んだのだ。絶望や失望より諦めの方が質が悪い。いわば「意気地のない風景」が広がっている。

戦後の日本、何もない焦土から立ち直ろうとする時、そこに求められたのは構築物だった。出来が悪い、街並みがふぞろいで汚い、環境破壊だ、などと言うのは容易い。今だから言えることだ。父や母のことを思い出してみればよい。みんな必死で生きようとしていたではないか。社会がいささか冷静さと戦略に欠けていたことは否めない。しかし、私、われわれを現在に至らしめてくれたもの、それは前の世代がつくった汗まみれの構築物たちだ。

女と男は、思考方法が違う。同じものを見ていても、まったく違う所から見ている。女は地中に根を張っていって、そこからものを言うが、男の思考方法は空中に楼閣を築くようなもので、その危うい天辺からものを言っているようなところがある、とは私の大学の恩師の言葉だ。実に、構築物をつくる行為は、男の性ともいえるものだ。かのアレキサンダーも、塔を建てることは人間の根源的な欲求である、と言ったらしい。古今東西、男は構築物をつくり続けてきた。迷惑なものや行き過ぎのもの、とんでもない失敗作、地上にはさまざまな構築物がつくられてきた。

多くの齟齬《そご》を抱えながら、周りの風景を切り裂くように立ち上がった構築物たち。健気に立ち上がった半ば必死、半ば悲哀に満ちた構築物たちの後ろ姿。彼らが信じた幼稚なまでに明るい未来像。それはどこか親父の背中に似ている。そのことを思い出してみたい。

構築物の風景

たしかに構築物が輝いていた時代があった。ほとんどの人がそれを誇らしいと思った時代があった。構築物が自信を持った立ち姿に見えた時代、建築であれ土木であれそこには復興する社会の息吹があった。

今、世の中は自信を失いかけている。超高層にせよ土木構造物にせよ、新しくつくられる構築物はどれも優雅だが遠慮がちだ。建築では軽さと透明性、デザインではフラジャイル（弱さ）がキーワードになったりする。これらの傾向を、見られることを過剰に意識した媚態、と読むこともできる。構築物は自ら光を放つべきだ。こんな時代だからこそ、輝くような信念に支えられた構築物の放つ光を追い求めてみたい。

一九五〇年生まれの私は、団塊の世代の最後尾、別の言い方をすれば二十世紀の真ん中で生まれた。子どもの頃のかすかな記憶では、まだ戦後の匂いがあちこちに立ち籠めていた。この間、世の中は慌ただしく変わっていったのだと思

東京タワー

東京

漠然とした街並みの谷間から望む東京タワーは、
今や、それなりの存在を醸し出している。

う。そんな中で、私の成長期の鮮やかな記憶のひとつとして東京タワーがある。幼い頃、祖父に東京タワーに連れていってもらった。出来たばかりの東京タワーの前で、お前もいつか大きくなってこういうものをつくれるようになるんだぞ、と言われた。その時、祖父の手に心持ち力が入った感触を覚えている。当時、東京タワーは戦災から復興する東京の希望を指し示すものだったのだろう。祖父の言葉には、そうした思いが含まれていたに違いない。

テレビ放映が始まって半世紀が経つ。一九五八（昭和三十三）年末、戦災復興へとひた走る中であの塔は建ち上がった。一九五三（昭和二十八）年ＮＨＫと日本テレビが開局し、白黒テレビの放送が始まった。相次いでテレビ局がいくつも開設される予定だった。テレビの爆発的な普及を見越して、当時産経新聞社の社長であった前田久吉が日本電波塔株式会社を創設し、この会社が事業主体となって東京タワーが建設された。いわば当時のハイテクベンチャーだった。東京を中心とした関東一円、水戸、銚子、沼津、甲府までをカバーする電波塔をつくるとすると三三三メートルになる。それがエッフェル塔を抜いて世界一の高さになるということ、それをすべて国産の材料と技術でつくる、といった取り組み方の中にも、このプロジェクトに込められた当事者の熱い思いが窺える。

東京タワーは五十年近くの歳月を刻んできた。独自の技術を駆使したにもかかわらず、建てられてからはエッフェル塔の真似事だと海外からは揶揄された。

なんでも外国の真似事をする日本人のイメージと重ね合わされ、不愉快な外国人ジョークのネタにもされた。しかし、五十年建ち続ければそれなりの風格も出てこようというものだ。すっかり東京の景色の一部になった。たしかに造形的な優美さではエッフェル塔には及ばない。それでもジッと眺めていると、必死の思いで敗戦から立ち上がろうとする当時の社会の息づかいがそこから聞こえてくる。

そういえば空を見上げることが少なくなった。忙しさ故ばかりではない。東京の空は最近とみに騒がしい。見上げた先に見えてくる超高層の浅薄なデザインが気に入らない。あちこちで建ち上がる超高層を見上げながら人々の表情はどことなく不安げだ。こんなに不景気なのになんであんなものに対するニーズがあるのだろう、どんな人たちがあの中に入るのだろう、と訝《いぶか》し気だ。私にはバブル経済の残滓である不良債権が、目に見える形となって蜃気楼のように立ち上がってきているようにしか見えない。なぜか超高層の多くは外国の建築家のデザインだ。借り物の表面的なセンスの良さを競ってばかりいるところが、これまた何とも現在の我が国の自信のなさを象徴していて悲しい。

今や林立する超高層に囲まれつつある純国産の東京タワーは、誇りと夢と志を持って人々が生きた時代の証となりつつある。何もない東京の空に、東京タワーが建ち上がった頃のことをもう一度思い出してみよう。私も祖父の手の感触を今一度思い出してみたい。

鉄骨ジョイント部は、今ではすっかり
見られなくなったリベット留め。

上／浜松町の貿易センタービルからの眺望。手前に増上寺、右手に東京プリンスホテル、左奥には森ビルの新しい超高層（マスターアーキテクト：米国の大手設計事務所K.P.F）が見える。その先の、防衛庁跡地にも三井不動産の超高層（同：米国の大手設計事務所S.O.M）がこれから建ち上がる。周辺の緑は芝公園。かつては紅葉館や三緑亭といった有名な料亭や、維新の三傑といわれる西郷隆盛、木戸孝允、大久保利通や山県有朋、伊藤博文といった政府の要人たちが会合を持ったという南洲庵があった。総合電波塔建設の予定地としては、上野公園も候補に挙がった。
右／2002年、東京タワーは少し模様替えをした。特別展望台のやや上のところにハチマキが巻かれている。ここにはデジタル放送対応のアンテナが仕込まれた。タワーの赤（正式にはオレンジ）と白の配色はデザインではなく、航空法によるもの。これも今ではすっかり違和感がなくなった。5年に一度、塗装をし直す。

東名高速防音壁 東京

有機的な流れるような空間。機能を満たしながら、
機能を越えた美しさを生み出している。

首都高速三号渋谷線を抜けて多摩川を渡り三キロほどの緩慢なアップダウンを過ぎると東名高速道路の東京料金所が見えてくる。この料金所の屋根のデザインは、建築家・坂倉準三の設計によるもの。プレキャスト・コンクリートとポストテンションを使った好例としていまだに参照される機会も多い。構法的な側面ばかりでなく、デザインの完成度が高いので、時代的に古くなった印象がない。しかし、ここでお見せしたい構築物はこの料金所ではない。料金所でカードを受け取り、さあこれから東名にいよいよ入るぞ、と気持ちを新たにアクセルを踏み込もうとする所に防音壁が現れる。たぶん普通の人は何気なく見落としてしまうようなものなのだが、この防音壁について書きたい。ただの防音壁だが、されど防音壁なのである。

市街地を高速道路が抜ける時、防音壁が付けられる。最近では多様化していくつかのパターンがあるが、概してどれもあまり美しいとは言えない。多くは、地元対策の付加的な要素で、つくるほうの情熱が感じられないのは残念だ。運転

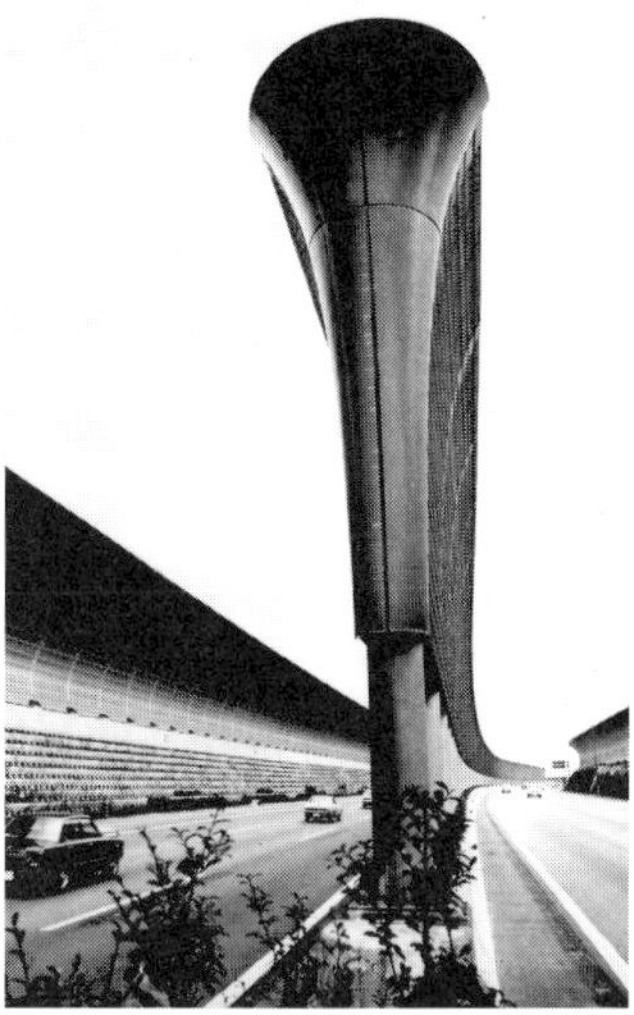

建設当時（1980年）の防音壁。ここから東名高速が始まる。それを予感させ、イメージさせるのがこの場所の役割だ。デザイナーは、そうしたトータルなビジョンを描いた上で防音壁のデザインを決めた。（提供：［財］柳工業デザイン研究会）

する側から見れば、防音壁は高速道路内に見えてくる大きな景観要素だし、高速道路を外から眺める地域の住民からすれば、道路に張り付いた不格好な付加物だ。本来なら、高速道路のイメージを決定する重要な要素として、もっと丁寧に扱われるべきだろう。

高速道路の防音壁なら全国どこにでもある。しかし、この東名の入口の防音壁ほど優美さと空間性を持ったものはない。曲線、高さ、プロポーション、どれもがいくつもの試行錯誤を通して、考え抜かれたものであることは、そのつもりでまじまじと眺めてみればすぐに分かる。機能を満たしながら機能を越えた美しさを与える、これはすべてのデザイナーの夢だろう。柔らかく包み込まれるような印象。これから高速の空間に入っていく、という速度に対するイメージ。じつは、この防音壁のデザインは、工業デザインの第一人者である柳宗理さんの手によるものだ。

最近では、川上元美さんや大野美代子さんといったデザイナーが土木構造物のデザインにかかわる機会が多くなったが、柳さんはその先駆者といえる。何故、デザイナーが土木構造物に興味を抱き、かかわるようになったのか。戦後すぐに、柳さんはインダストリアルデザイナーとして活動を始めた。食器、椅子、照明機具など、現在でも広く親しまれ、使い続けられているものが多い。なかでも有名なのがバタフライ・スツールで、我が国の戦後デザインの代表作のひとつ

バタフライ・スツール(1954年)。高周波で曲げた2枚のプライウッド・シートを2個のボルトと1個のステーによって組み立てる。分解してコンパクトに梱包もできる。
(提供：[財]柳工業デザイン研究会提供)

だ。積層材を使った単純で合理的な構成でありながら、優美なフォルムを併せ持っている。柳さんの関心は次第に外部空間へと向いていく。渡欧した際、斜張橋の生みの親であるレオンハルト博士に会い、構造技術の根底に流れている美意識や考え方に深く影響を受けたという。横浜の野毛山公園に架かる歩道橋の設計を手始めに、土木構造物のデザインにまで活動を広げていく。

この防音壁は、開通してから十年ほど経た一九八〇年に設置された。当時の写真を見ると、すでに高速道路の間近まで住宅やアパートが迫っている。防音壁が機能上必要だったのだろう。しかし、おそらく柳さんは、ただの防音壁ではなく、ここから始まる高速道路のイメージを予感させるゲートとしてこの場所をとらえていたはずだ。その場所に対するトータルなイメージがあって初めてデザインすることは可能になる。デザインは、表面的な化粧ではなく、足りないことのつじつま合わせでもない。デザインは、構築物そのものの成り立ちや仕組みに肉迫し、その精神を表現するものだ、ということについて、柳さんは誰よりも精通していたに違いない。

東名高速道路入口の防音壁は、高速道路の時代の到来を空間化した、すぐれたデザインだ。それは二十年を経た現在でも古くなっていない。東名を使われる方は、ちょっと目を止めてほしい。ただし、事故が起きないように気を付けながら。

中央の防音壁の端部は、料金所側から見て特徴のある形になっている。防音壁の曲線が、この部分でモニュメントのような立体的な造形になっている。現在は少し色褪せが進んでいるようだ。

横浜港大さん橋 国際客船ターミナル

神奈川

横浜は港町だ。港町には独特の風情がある。潮のかおりがする。船が着くというだけで心が躍る。船は異国の空気を満載している。横浜駅は、すぐ近くまで港が迫っているにもかかわらず、港湾施設や倉庫が建て込んで視界を塞いでいたために、この良さを活かしてこなかった。今でもプラットホームや電車の車窓から、すぐ近くまで港が迫っていることを感じることは難しい。東海道線や横須賀線を利用する人たちは、ついに東京湾を望むことなしに東京駅へと辿り着く。これは大いに不幸なことだと思う。それに引き換え、横浜から磯子方面に向かう電車は、高架になるので港を望むことができる。ここからようやく横浜らしい風景が始まる。

しばらく前まで横浜のイメージは、五木ひろしの「よこはま・たそがれ」だったり、いしだあゆみの「ブルー・ライト・ヨコハマ」だったり、青江三奈の「伊勢佐木町ブルース」だったりした。だから、近年の桜木町から関内周辺にかけての変貌ぶりには目を見張るものがある。二〇〇二年にはサッカーのワールド

上／手前には、2002年に保存改修工事を終えたばかりの横浜赤レンガ倉庫。遠方には本牧と大黒ふ頭を結ぶ横浜ベイブリッジが見える。
下／曲面の床が延々と続く。ウッドデッキの材料はイペという南洋材。構造体の上に打設されたコンクリートから下地をとって、その上に貼られている。建設中の写真やディテールの図面を見ると、コンクリートの上に防水層があり、デッキを留め付けるボルトが細かいピッチで突き出している。

カップも開催され、大さん橋の新しいターミナル、赤レンガ倉庫の改修、日本大通りや汽車道の整備など、幾多のプロジェクトが完成した。なんといっても、歩ける街になったことがうれしい。新しい業務施設や地下鉄のみなとみらい線の新設など、まだまだこれからも変わっていくとは思うが、一区切り付いた感がある。

記憶では、横浜にはさまざまな特徴を持った全く異なる街区が散在していた。特に、港に近い桜木町から元町にかけてそうしたものが集まっていた。現在でも、赤レンガ倉庫、神奈川県庁本庁舎、横浜税関、山下公園、ホテルニューグランド、馬車道、中華街……思い付くだけでもこれだけのアイテムがこの地域にある。都市計画家・田村明が立ち上げた横浜市の企画調整局が横浜の街を大きく変えてきたことは誰もが認めるところだろう。散在する要素をつなぎ合わせ、歩きやすい街になった。どちらかというと演歌が似合う港町を、その面影を留めながら誰にでも開かれた街へと変貌させた功績は大きい。着手して三十年余り、近年になってようやくその全貌が見えかけてきたところだといってもよいだろう。

人の目に触れない港の姿は、桜木町のあたりで徐々に気配を見せ、この大さん橋ターミナルで全貌を現す。歩きながら感じる街中から港に至る物語があるとすれば、大さん橋はそのエピローグともいえる。是非はともかく、大さん橋ターミナルはなかなか刺激的な建物だ。断っておくが、私自身はあまり好きな建物ではない。曲面が重なりあった面白い形をしているが、塩害の厳しい海浜部ですべ

横浜税関本関庁舎。神奈川県庁本庁舎とともに、それぞれの特徴的な塔などの建築様式から「クイーン」と「キング」の愛称で市民に親しまれている。

てが鉄骨造、なおかつ二・三〜四・五ミリのスティールの薄板を主構造の一部に使う神経には納得しがたいものがある。また、空間構成としても構造的にも新しいチャレンジがなされているのだが、それが最終的な建物のクオリティに結実していないところが不満だ。

設計者は国際設計競技で選ばれたスペイン人のアレハンドロ・ザエラ＝ポロとイラン人のファシッド・ムサビというまだ三十代の若い建築家のチームだ。彼らの提案の最大の特徴は、全ての空間がスロープで繋がっていて、さん橋の先端まで一般の人が歩いて行ける点にある。さん橋の先端に立てば、視界は三六〇度広がる。ここから港の水面越しに街を見渡すことができる。横浜という街は、新しい施設を得たと同時に新しい視点場を得たといえる。

さて、この建物は遠い将来、赤レンガ倉庫や横浜税関の建物のように、街の記憶として保存したり再利用したりするような、われわれが愛でる社会資産になり得るのだろうか。港の新しい風景の一員としての重責を果たし続けられるだろうか。それとも、イベントのパビリオンのように、一過性の面白さや物珍しさで終わってしまうのか。

ひとたび広がりのある大きな風景の中に建物を置けば、その評価は長い時間の中で自然に定まってくる。われわれはその成熟の過程を丁寧に見守り続けるしかない。

折板状の構造。鉄骨の骨組みに、ヒルティ鋲という特殊な釘を細かく打ち込んで、薄板の鋼板を留め付けている。折板に働くせん断力は、この薄板が負担している。

曲面が重なりあった不思議な空間構成。人の動きを想定し、それをコンピューター上でシミュレーションして構想されたものらしい。立体的に構成された空間が連続して繋がりあっていくことが、設計者の試みようとしたこと。そのアイデア自体は、さん橋の先端まで人を導くこととは連動していない。あくまでそれは彼らが実現してみたかった形態。

日本橋の風景

東京駅からブラブラとオフィス街を抜けて日本橋の方へ向かうと、いきなり首都高速が目に入ってくる。高架下の暗闇の中に、スックと立ち上がった橋の中央に据えられた照明柱が浮かび上がって見える。高架がふたつに分れていて、トップライトから射し込む光に照らし出されたように、この部分だけが劇的に輝いている。その様はいかにも窮屈そうだが、照明柱が蒼竹のように高架を割り、突き上がっている、と見えなくもない。また、映画監督のＡ・タルコフスキーが「惑星ソラリス」の冒頭で使ったように、ウネウネと都市を縫うように伸びる高架道路は、あれはあれで都市のダイナミズムが露になったものだと見ることもできる。

この風景を見る度に、複雑な思いに襲われる。戦後の我が国は、ついぞ歴史を顧みることができなかった、という思いと、そのゆとりすらないほど必死に復興を願ったのだ、という思いが重なり合う。

構築物を語るには、日本橋の上を走っている首都高速道路のことは避けて通れない。この場所の在り方が、戦後の我が国の都市像を象徴し、この国が辿ってきた姿そのものだからだ。しかし、この本ではあえて首都高速ではなく東京高速を取り上げた。通過するのに無料で、高架下にテナントが詰まっている不思議な在り方にかねてより興味があった。しかし、東京高速を取り上げたのは、なにより首都高速に触れたくなかったからだ。ちょうど日本橋の上を走っている首都高速をどうするのかという議論があちこちでされている最中だった。いたずらに中途半端な議論を仕掛けて連載に水を差されたくなかった。

未だに結論は出ていないが、取り壊してルートを変えるか地中化するかとしても莫大な費用がかかる。我が国の中心的な風景だから、何をおいても空中から高架道路を撤去すべきだ、という意見がある一方、四十年も経てばあれはあれですでに歴史の一部なのだから受け入れるべきだ、という意見もある。費用対効果の問題だが、景観の改善はそう簡単には費用で割り切れないから、議論は右往左往する。それはそれでよい。行き着く所は都市のあるべき姿、自らの姿を鏡に映し出してみることに繋がる。空間的な広がりでいえば、東京とは何か、首都とは何か、日本とは何か、を問うことになる。また、時間的な広がりに目を向ければ、戦後とは何だったのか、明治とは何だったのか、未来に向けてどのような都市にしたいのか、ということに行き着く。

日本橋は、明治四十四（一九一一）年、土木技師の樺島正義と建築家の妻木頼黄の共同作業で完成した。まさに建土築木、建築と土木のコラボレーションの賜物だ。柔らかなアーチ橋のフォルムといかにも十九世紀的なネオバロックの繊細な意匠がうまく溶け合っている。技術と意匠、西欧の文明と文化を範とする明治という時代の息吹きが伝わってくる。

その上に覆いかぶさるように高架道路が架けられている。こちらは土木技術一本槍だ。お世

欄干中央部の照明は残そうとしたのだろう。そのために日本橋の上で首都高速は二股に分かれている。これはこれで面白い。もちろん、スッキリと高架構造物がない方がイメージとしてはハッキリする。しかし、このアンバランスなミスマッチングも、よく見れば、悲哀のある滑稽な面白さが漂っていることに気付く。これはこれで戦後の典型的な風景だ。これを消去することは戦後を否定することでもある。

辞にもデザインに配慮したとは言えない。また、日本橋という場所の特殊性に気を遣ったようにも見えない。ある種の無神経さ、無遠慮さばかりが目に付く。明るいベージュの色も良くない。この色使いを見れば、白っぽい花崗岩で仕上げられた橋の意匠を引き立たせる意志が皆無であることが分かる。要するに、首都高速をつくった当時の技術者たちには、日本橋は邪魔な存在だったのだ。だから、無いものとして考える、そんな気分だったのではないだろうか。高架道路を撤去せよと叫ぶ人たちは、その気分に腹を立てているような気もする。

しかし、その気分こそが現在に至る経済成長を可能にしたのだと思えば、その気分に腹を立てることは、戦後そのものの気分を否定することでもある。確かに、高架道路の下に広がる運河は暗く、かつての水の都は道路の都と化している。また、経済性だけを最優先させた技術一本槍のあの高架道路の姿を醜いとは思う。しかし、そう思いつつも、ソウルのチョンゲチョン（清渓川）のように、それをあっさりとは否定する気にはなれない。何でも出来損ないは切って捨てる、というのが今の社会の風潮なのかも知れないが、本当にそれで良いのか、とも思う。そんなにまでして見栄を張る必要もないのではないか。それはそれで受け入れて、寿命が尽きた時に時代に合わせてやりかえるのが無理のない対処の仕方なのではないかと思う。

いま必要とされているのは、日本橋の風景を凝視することのような気がする。あの風景をまじまじと見つめれば、様々なものが見えてくる。江戸、明治、昭和がそこに折り重なっている。そこから目をそらさないで、その中にあるこれまでとこれからを見通すことではないかと思う。

モエレ沼公園

北海道

プレイマウンテンの大階段前にあるオブジェ。丸いユーモラスな形をしている。大きなランドスケープの中で、ほっとするような造形。イベント時は舞台の背になる。中は公衆便所になっている。

プレイマウンテンの頂上に立てば、はるか彼方からやってきた風が、公園の幾何学的な森や池、そして大胆に切り取られた彫塑的なランドスケープでいささか整えられ、さざ波のような石段の表面をつたい、柔らかなうねりとなって通り過ぎていくのを感じ取ることが出来る。プレイとは、play（遊ぶ）なのかそれともpray（祈る）なのか。

北海道にゴミは似合わない。近代的な文明を享受するなら、誰しも大量のゴミを出し続ける宿命を負っている。北海道の人たちだってそれは同じだ。ゴミは文明の副産物だが、見方を変えれば自然と人間の関係のバロメーターともいえる。その関係は決して健全な形で築かれてきたわけではない。多くの努力や研究がなされているが、なかなかこれといった解決策は見出せていない。ゴミの問題はとても複雑だ。単に技術だけで乗り越えられるわけはなく、ライフスタイルや経済活動、さらには価値観の根幹にまで影響するからだ。この問題を直視すれば、いささか悲観的で鬱々とした気持ちになる。

これはまったくの想像なのだが、人生の最晩年を迎えていたイサム・ノグチが、モエレの敷地を初めて訪れた時の思いもそのあたりにあったのではないか。自然豊かな北海道の大地とゴミの組み合わせ。巨大な埋め立て事業、現代の縮図、近代的な生活の裏側、人間の業……。想像力豊かな天才的アーチストが何も感じなかったはずはない。

100ヘクタールの公園の中に、プレイマウンテン、テトラマウンド、アクアプラザ、ガラスのピラミッド、サクラの森、モエレビーチ、カラマツ林と噴水などが散在する。

敷地は札幌市の外縁を取り巻く「環状グリーンベルト構想」の拠点施設として位置付けられていた。ゴミ処理場として一〇〇ヘクタールの用地を取得し、廃棄物（主に不燃ゴミ、焼却残滓）の埋め立て後、公園として整備する計画だった。この場所は、豊平川が自然河川として流れていた時代に洪水や氾濫で出来た河跡湖で、現在は雁木新川に繋がっている。一九七九年にゴミの埋め立てが開始され、総量二七〇万トンのゴミが一九九〇年まで整備地全域にわたり埋められた。一九八二年に公園整備に着手し、それから五年間は盛り土や植栽が並行して行われていた。

沼を埋め立てることに釈然としない思いもよぎる。これも今だから言えることだ。一九七二年に開催された冬季オリンピックではずみがついた札幌は、近代的な都市づくりが進められるとともに、裏側にはこうした負の遺産も抱え込まざるを得なかったに違いない。だれもが知っていながら目をつぶっていたことを、後になって批判するのは容易い。

ノグチが敷地を訪れたのは一九八八年の三月。その半年後の九月にはマスタープランが提示された。ノグチが構想したのは、子供のための公園だ。「スペースに彫刻をするのに、宗教というものがない時代には、目的は何があるかということと、子供があるということ」と語っている。汚された大地への鎮魂と未来を託す子供への希望、というのがノグチの構想に対する私なりの解釈だ。

マスタープランを提示したわずか三ヵ月後の十二月三十日、イサム・ノグチはニューヨークで亡くなった。八十四歳だった。波瀾万丈と毀誉褒貶は天才的なアーチストの勲章のようなものだが、ノグチが長い人生の終わりにモエレで見出した自らの役割と託すべき希望は、極めて純粋で透明度の高いものだったのではないだろうか。プロジェクトを構想した当人の不在は、関係者にとっては大きな打撃だったろう。にもかかわらず、この公園事業は市当局をはじめ多くの人たちに引き継がれ、十七年の歳月を経て完成した。この場所が、言葉にならない強いメッセージを完成以前から発し続けているのは、ノグチの構想そのものがシンプルで純粋な強い気持ちから湧き出ていたからではないかと思う。

不世出の彫刻家イサム・ノグチは、波瀾の生涯の最期にこのプロジェクトにめぐり会った。子供のための「全体をひとつの彫刻とみなした公園」が構想され、まもなく亡くなった。その遺志は、市役所はじめ多くの関係者に引き継がれた。北海道のスケールの大きな大地のエッセンスが、アーチストの現代的な感性を通して、この場所で結晶化したかのような印象がある。

モエレ山（上）と巨大なプレイマウンテンの階段（下）。花崗岩の階段の制作は、長年、ノグチの牟礼の工房を支え、石の作品の制作にたずさわった石工の和泉正敏さんの手による。大胆な発想、荒々しさ、優しさ、ここではそうしたものが同居している。
左／巨大な量塊を感じさせるプレイマウンテンとシャープで抽象的な造形のテトラマウンドが対話をしているように見える。

牧野富太郎記念館　高知

高知市郊外にある五台山に足を踏み入れれば、地面の力が他の場所とは全く違うのがすぐに感じられる。熊野を訪れた時にも似たような感触があった。木々の生命力が直接五感に伝わってくる。大きな街の近傍にありながら、こういう場所も珍しい。程よく塩気を抜かれた土佐湾からの海風が高知独特の日射しと一体になって、この山に何か特別のものを付与している。四国八十八箇所の一寺である竹林寺が山頂にある。市民にも広く親しまれた山で、高知の人は五台山には特別な思いがある。

私が設計にたずさわった牧野富太郎記念館は、この山の尾根筋に建っている。物珍しい建物の有機的な形態もさることながら、この建物の最大の特徴は、発注者から現場まで、多くの職種の人たちが社会的な枠組みや自らの立場を越えて積極的に参画したところにある。五台山の地勢や歴史、我が国の植物学の基を築いた牧野富太郎という魅力的な人物像と偉大な業績、そして多少の役割として建物の革新性、そうしたものたちが響きあって希有な状況が生まれたのだと思う。

設計の仕事をしていると、時たま思いもかけぬ幸運に出会うことがある。このプロジェクトとの出合いも数少ないそうした幸運のひとつだ。意外に思われるかも知れないが、出だしは困難な問題が山積していた。幸運な仕事とは、往々にしてそうやって始まるものだ。まず、敷地が確定していなかった。地主との交渉が進まず、建物を置くべき敷地が流動的だった。それに加えて、予算を縮小した

2つの建物にはそれぞれ中庭があり、高知の植物や牧野博士にちなんだ植物が植えられている。中庭に向かって大きな庇が出ている。高知の強烈な日射しや時折激しく降る雨を避けるとともに、建物の内部と外部が呼応する緩衝地帯の役割も果たしている。

い建て主である県と、内容が収まらない危機感からより多くの面積を要求する植物園が、建物の総面積をめぐって激しく対立していた。設計の側の問題意識としては、いずれにしても大きな建物が市民だれもが親しんでいる五台山の尾根に建ち上がることに抵抗があった。

いわば八方ふさがりの状態からプロジェクトはスタートした。そういう始まりの仕方をしたほうが、問題意識や危機感の持ち方がプロジェクトに緊張感をもたらすのかも知れない。数十にも及ぶ模型をつくり、どうしたら建物が自然や地形と溶け合うようにできるのかを模索した。関係者とは数えきれないくらい議論もした。そうした中で、専門分野や持ち場や立場を越えて、プロジェクトに対する認識が深まっていったのではないかと思う。複雑な行政機構の中でプロジェクトの内容も行方も紆余曲折したが、自治体のリーダーである知事が肝心なところでサポートしてくれた。

建物がオープンして七年になる。建物周囲の植物は育ち、工事で開削された山の緑も戻って来ている。当初構想したように、徐々に木々に隠れた建物になりつつある。記念館はすっかり高知名物のひとつになった。残念なのは、建物をつくり上げるエネルギーになったさまざまな関係者が次々と去って行くことだ。県のいくつかの部局の担当は転属になった。総括責任者だった自然環境部長は東京の本省に戻り、ほどなくして亡くなった。園長は私がかかわった期間でも三代変

五台山の尾根に牧野富太郎記念館は建っている。まだ充分とは言いがたいが、低く伏せたような形態を採っているので、春先に木々が芽吹くと、建物は棟のラインを残して木々に隠れる。木々が育つ程に、台風などの災害に対して建物の抵抗力は増していく。建物は山の環境の復元と共に、その場所に根付いていく。

わった。植物が好きだった担当部局の課長は、完成直前自ら志望して副園長になったが、三年目に転属した。四万五千冊の貴重図書を管理して来た司書、牧野に心酔して植物園の頭脳として働いて来た植物学の研究者、長年牧野にこだわり続けて来た彼らもその翌年に転属になった。この建物建設のために高知に呼び寄せられた建設会社の現場所長は、完成後も高知に留まり、何かと建物の面倒を見てくれていたが、やはり四年目に定年で故郷に帰った。

人は去り、建物は残る。多くの人たちの思いや投下された膨大なエネルギーは、果たして報われるのだろうか。ときおり植物園を訪れると、来館者がゆったりとした時間を過ごしているのを感じ取ることができる。五台山の空気を楽しむ人、牧野富太郎に思いを馳せる人、植物に見入る人。そうした人たちを眺めていれば、多くの努力は無駄ではなかったことが分かる。建物は、生み出されるエネルギーを初速として、長い時間の旅に出る。訪れる度に「頑張れよ」と声を掛ける。

環境と建物が、どのようにすれば溶け合っていくことができるのかが大きなテーマだった。年を経るごとに新しく植えられた植物が根付き、開削された自然が復元していく。高知の豊かな自然が、植物の旺盛な生命力を育んでいる。環境が成熟していくにつれて、周囲から孤立していた建物も徐々に風景の一部となっていく。

上棟時の様子。できるだけ造成を避け、敷地なりに平面を割り当て、それを有機的な形をした一体化された屋根で覆っている。架構は422本の集成材の梁によって構成されている。木造は構造体としては軽くなるので、風の影響を受けやすくなる。周囲の環境に埋め込むような形にすることで、風の影響を和らげている。

7,300平方メートルの建物は、牧野文庫、植物研究室、管理等を受け持つ管理棟と牧野博士の業績を中心とした展示をする展示棟の2棟に分けられ、170メートルの回廊で繋がれている。(撮影：三島　叡／日経BP社)

四国独特の濃密な空気が、徳島郊外の谷あいの風景を覆っていた。緩やかな勾配で連なる里山は、決して激しい感情をかき立てはしないが、いかにも弘法大師以来千年の歴史を刻んできた淀みがある。その風景の中を、一閃、高速道路がよぎっている。写真で見ても何が良いのか分からなかった。目を惹くような何かがあるわけでもなく、言われなければ気がつかずに見過ごしてしまうような場所だ。注意して眺めなければ、ここがエンジニアたちの戦場であったことは知る由もない。

ちょうどこの道路が完成間近の頃、高速道路をもっとつくったほうが良いのかどうかの議論が喧しかった。テレビも新聞もそのことばかりが話題の中心になっていた。長年道路づくりにかかわってきた心あるエンジニアたちは、複雑な心境でいたのではないか。国土を結ぶ高速交通網体系の充実は必要だと思う。しかし、あまりに性急な道路づくりが、ともすれば通過するその地域の文化的な背景と本質的な関係を切り結ばずに進められてきたことには違和感を覚える。我が国のような狭い国土には、至る所に歴史があり固有の文化が息づいているからだ。いくら国のため、あるいは広域のエリアのためといっても、その場所に暮らす人たちにとっては重い意味を持つ歴史や文化の価値に対して無神経では、経済的なものを越えた共感は得にくい。高欄や壁面の装飾などの手軽で表面的な意匠でお茶を濁してきたツケがまわってきている。

四国横断自動車道
鳴門—板野

徳島

高速道路は、合理的で経済的な近代技術でつくられる。この近代的な技術は、場所を選ばない。この、場所を選ばない、というところが問題なのだ。近代技術とその場所固有の価値とのズレや軋《きし》みは、あらゆる分野で起きつつあるきわめて現代的なテーマだ。どうすればこの相克を乗り越えることができるのか。答えは見つかっていない。汎用性の高い技術と場所の固有性を繋ぐ何かが必要なのだ。この間を繋ぐものが、デザインなのではないか。

徳島市の郊外を横切る日本道路公団の四国横断自動車道（鳴門—板野）は、歴史が色濃く残る場所を横断する。四国巡礼八十八箇所の一番札所がある霊山寺、年始の参拝客数では県内随一の大麻比古神社、第一次大戦の時のドイツ人捕虜収容所があったドイツ村。この場所一帯に、実に多くの歴史的な記憶が息づいている。いかに効率を優先する高速道路といえども、これらの歴史的遺産に配慮しないわけにはいかない。ここには、技術と場所性の問題が極めて具体的な形で現れている。

谷部を渡る高速道路は、構造物が露出する高架ではなく盛り土になっていて、これが周囲の里山の景観とのなじみを良くしている。縦断線形も周囲の山の動きに馴染むように、谷の中央部に向かって緩やかに下がっているので、本来なら構築的で固い高速道路が、柔らかい地形の一部のような印象を与える。道路をつくるとすれば山を開削せざるを得ない。この区間では、擁壁の形を円形に回し込んで里山の緑が柔らかく復元するような配慮をしている。パーキングエリアの下り線は、開削された谷に包み込むように配置され、上り線は、周囲を盛り土してまわりから見えないように配慮されている。パーキングエリアに面した擁壁には小さな樹木が無数に植えられている。これは近隣の住民に苗木を一年間里子として預け、それを植樹してもらったものだという。その他、高速道路の盛り土が周辺宅地と接する部分のPC擁壁、盛り土を貫通しているプレキャストのアーチカルバートのトンネル、大麻比古神社の大鳥居に至る参道に当たる部分のカルバート、ドイツ人が残した石橋を模した充複式アーチ橋など、ともかくこの谷を渡る短い区間に盛り沢山のアイデアが投下されている。

鳴門―板野間のデザインは、決して鮮やかなものではない。時として、場所に対する配慮が行き過ぎたり、デザイン的な要素が直喩に過ぎ、全体として饒舌な感じもする。しかし一方で、これもこれからの近代技術と場所性のかかわり方のひとつなのかも知れないとも思う。要は、エンジニアが必死になってその場所と関わろうとする、デザインを武器に技術の暴力性を鎮めながら地域との調和を図ろうとする、その姿勢が次なる土木構造物と社会とのコミュニケーションの在り方を生んでいくのだ。

鳴門―板野間のデザインは、二〇〇二年度のグッドデザイン賞の金賞のひとつに輝いた。家電製品や自動車など、あらゆるデザイン分野が五千点近く応募す

柔らかな山並みと板東谷川を渡る「ばんどうドイツ橋」。陽の当たり方によって出来る陰影の変化を考慮したコンクリートのアーティキュレーションが面白い。（撮影：安川千秋）

る中で受賞した意味は大きい。地域に対する取り組み方が多くの審査員の共感をよんだのだろう。近代技術と場所性の問題は、あらゆる分野で顕在化しつつある深い関心事であることを再確認した。

上／谷を渡る高速道路。さして大きくない谷あいに、幾重にも歴史的なものが折り重なっている。この景色の中に、周囲と融合させるためのいくつもの試みがなされている。そうした試みがうまく効を奏し、構築物が周囲と馴染めば馴染むほど、それらの努力は目につかなくなる。
下／山の開削の仕方、擁壁のつくり方にも工夫が凝らされている。いずれも自然が回復した時に、人の手が加わったことが目立たないようになっている。(2点とも撮影：安川千秋)

盛土を貫通するカルバート。アーチ状のPCが柔らかな印象を与える。通常なら構造物の無骨な断面が手前に見えてくるが、ここではPCの形状を活かして、外部に対して繊細な表情をつくり出している。

右／第一次大戦時、ドイツ人捕虜がこの地に残した小さな石橋。「ばんどうドイツ橋」はこの形を模している。
左／大麻比古神社の大鳥居近くのカルバート。参道に当たる特別な場所なので他のカルバートとは違う形をしている。現場打ちコンクリートで、参道の軸線を強調する特徴的な形になっている。
（3点とも撮影：関　文夫）

左手の山際に大麻比古神社、その奥にドイツ橋。高速道路近くに大鳥居、その手前には霊山寺、川を隔ててドイツ村公園がある。(提供：西日本高速道路株式会社 四国支社)

広島ピースセンター

広島

幾度訪れても、何故か広島の街の印象はわずかに褐色がかった乾いた灰色だ。太田川の周辺や平和公園の緑が生い茂る辺りを歩いてもその印象は変わらない。原爆の閃光が、大地に乾いた灰色を刻印したかのような印象がある。昔見た原爆ドームは、突然廃墟になってしまった建物のすさまじい迫力があった。周辺の都市整備が進むにつれて、最近はおとなしくなったように見える。

原爆ドームの前を流れる太田川を隔ててその四〇〇メートル離れた公園の中にピースセンターがある。丹下健三の設計によるこの建物は、戦後建築の名作と

開放的なピロティは、平和記念公園から街への広がりを断つことなく、この場所にドームに向かう方向性を与えている。展示室を2階に持っていった構成、ピロティ、柱の形状、構造形式、といったすべての要素が、この軸線を発見するために組み上げられている。

して挙げられる。丹下は三十六歳の時にこの建物の設計競技で最優秀を獲得した。一九五二年、まだ焼跡ばかりの光景の中にピースセンターが建ち上がった時、その姿は希望そのものに見えた、と広島生まれの知人から聞かされた。当初、両翼の建物はなく、中央の展示棟だけが屹立していた。その立ち姿は神殿のようであったに違いない。中央の建物の外観は竣工当初と変わらない。柱だけ残して開け放たれた一階部分をピロティという。この建物のピロティの美しさは格別だ。上に行くにつれて断面が変化する有機的な柱の形。さらに、それが緩やかに切り上げられた二階の床と接するところ。造形的にこれほど繊細で優美なピロティは他に見たことがない。建物が神殿のように見えるのはそれ故かもしれない。

あまり指摘されることがないのだが、丹下健三の建物の優れているところは、設計の質の高さはもちろんだが、敷地に対する状況把握、関係性のつくり方、それに対する建物の対応の仕方にある。つまり、きわめてランドスケープ的なのだ。周囲との関係性を発見し、それをより強固に建築やランドスケープの中に刻印する。ここでも、象徴的な原爆ドームから軸線を引っ張ってきて、さまざまな敷地のコンテクストを建物に凝縮していく手法は、見事というほかはない。

丹下が発見し生み出した軸線は、明快であるが故に普遍的な構図として硬直しているともいえる。この場所を訪れる人は誰しも、軸線に込められた意図に気付くことを強要される。中村良夫さんの手による太田川の護岸整備は、この場所

上／曲面を描く柔らかな表情のピロティの柱。今はコンクリートの表面に緻密さを求め過ぎている。ここでは今ではあまり見られなくなった杉板の型枠が使われており、それがコンクリートの量感におおらかで豊かな表情を与えている。
下／明快で力強い全体構成に対して、繊細で柔らかな表情の細部を持つことがこの建物の大きな特徴だ。柔らかく人を誘うようなピロティの柱、2階部分の繊細な縦型のコンクリートルーバー。どのような細部もおろそかにしないという設計者の思いが伝わってくる。

に柔らかな広がりを与えている。まっすぐに伸びる軸線とは対照的に、それを遮るかたちで川は緩やかにうねり、段状に柔らかく整備された護岸は人を水辺へと誘う。軸線は分かりやすく教条的だ。ここには、被爆という事実を自らのものとする想像力が入り込む余地がない。だから、しばらくこの場所に身を置くと、この軸線から逃れたいという衝動のような想いが生まれる。それに対して、川面は自らの心の内を反芻する想像力の写し鏡だ。川面を得て初めて、軸線はこの場所を訪れる人たちのものとなったのではないか。

街は復興を遂げる段階でどんどん変わっていった。原爆ドーム同様、おそらく当初は神殿のように輝いていたピースセンターも、今では落ち着いた佇まいを獲得している。変わらぬ強度を保っているのは、丹下がこの場所でつくり出した原爆ドームとピースセンターを結ぶ強い軸線だ。建物という具体的な物質に託されたメッセージは、時とともに老いながら熟成していく。あらゆる物質は時を刻む。人が生み出したいかなる人工物も免れ得ない宿命だ。しかし、この建物が原爆ドームと契った関係性は、歳月を経ても色褪せることはない。ピロティの下に立てば、わずかに褐色がかった乾いた灰色の風景の中を、彼方に見える原爆ドームから貫いてくる軸線の上に身を置くことになる。川面から運ばれてくる冷ややかな風は、変わらぬ軸線の構図に湿り気をもたらし、広がりと成熟を促しているようにも思える。

上／シンメトリーの建物は、軸線を否が応でも意識させる。ここを訪れれば、建築とは建物のことではないことが分かる。建築とは、場所に意味を見出し、それを意識化することだ。ドームからこの建物に至るランドスケープ的な仕組み全体が建築なのだ。
下／設計競技では、軸線をより強調する巨大なアーチが提案されていた。この案には、明快な全体構成の中に、この場所に対する計画者の強い意志が感じられる。（所蔵：瀬良　茂／提供：広島市公文書館）

上／竣工当初、荒れ果てた風景の中に建ち上がったこの建物は、まさしく神殿のようであったに違いない。(1954年撮影／提供：毎日新聞社)

左／護岸は公園の一部として整備され川面は訪れる人たちのものとなった。歩き、想い、佇み、座る。水辺は、身体が思考に広がりを与える場所だ。

塔を建てること

　何十年経ってもときたま思い出す風景がある。アフガニスタンの首都カブールから南に五〇〇キロ、高原砂漠の端にカンダハールという街がある。若い頃、シルクロードを気ままに旅していた時、この街を訪れたことがある。その時聞いた話だから真偽のほどは確かめようがないが、どうやらカンダハールという名前の由来は、アレキサンダーの街、ということらしい。たしかにアレキサンダーが東征したとき、アフガニスタンを通過している。おそらくこの街から砂漠を突き抜けてカブールに至り、カイバル峠を抜けて、ヒンドスタン平原の緑野を目指したのだろう。街中で、これがアレキサンダーが築いた城壁の一部だと言われても、すんなりとは信じがたいが、そういうことがまことしやかに語られるほど、この国には歴史的なものが堆積している。

　カンダハールから北西に五〇〇キロ、さらに砂漠を越えたイラン国境に程近いところにヘラートという古都がある。塔を建てることは人間の根元的な欲求である、とアレキサンダーは言ったらしい。その言葉どおり、アレキサンダーから千八百年後、チンギス・ハーンの末裔を自称するチムールの四男シャー・ルフが、この地域を支配した時に建てたという数本の塔が街外れに残っていた。いまだに鮮やかな記憶として残っているのは、この塔の立ち姿だ。最近のアフガン戦争で、タリバンの本拠地のひとつであったヘラートでは激しい攻防があった。塔はまだ建ち続けているのだろうか。確か、少し傾いていたと思うが、堂々たる塔だった。土埃が舞い、一面土色の荒れ果てた風景の中にそれは凛として建っていた。その塔の少し高いところに、色の付いたタイルがわずかに残っていたのを覚えている。何のために塔を建てたのか、何のために装飾を付けたのか、詳しくは分からない。しかし、この塔を建て、それを残そうとしたシャー・ルフの心の底は見えたような気がした。私は存在し、そしてここに居たのだ、ということだろう。

アレキサンダーの言ったとおり、塔を建てること、つまり某《なにがし》かの生きた証を残すことは、人間の根元的欲求なのだろう。人は、住宅をつくり、城をつくり、都市をつくり、橋や道路をつくってきた。信ずる神のため、防衛のため、生活のため、それらはどれも必要だからつくられたわけだが、よく見ればそれだけではない。そこにそれぞれの文化につながる固有の価値を求めた。神殿はその時の文化の粋が投下されてつくられてきたし、バビロンやヒッタイトの城塞ですら装飾が施された。一見、機能一辺倒のローマ水道ですら美しいプロポーションの分割に心を砕いている。それぞれ某かの思いが託されてきたのだ。その根底にあるのは、構築物に託して、生きた証を残したいという欲求があったからにほかならない。それは普遍的な人間の願望であり、人間の根元的な欲求に由来している。

かつて、それらの事業は支配者の名において為されてきた。だから誰も文句は言えない。ところが、民主主義近代においては、エッフェル塔、マンハッタン、長大橋、あらゆる構築物は必要性によって説明され、必要性によって事業化される。某かの説明が必要で、そのために機能やら経済やらが引き合いに出される。これが現在に至る一般的な傾向だ。

しかし、それだけではそれらの構築物が存在するうえでの真実を語ってはいない。生きた証を残したいという人間の根源的な欲求の裏打ちがなければ、事業は無味乾燥なものなってしまう。説明の付かないようなひとびとの熱情が結集したとき、困難なプロジェクトは実現への道を歩み始める。その熱情とは、存在したいという欲望にほかならない。どんなプロジェクトでも、必要性に根ざした機能的で分かりやすい説明や経済的な必然性の裏側には、夢や希望や自己実現といった赤裸々な気持ちが控えていることを忘れてはならない。

30年前に撮ったヘラートの街はずれに建っている4本の塔。ズングリとしたプロポーションがおおらかな雰囲気を醸し出している。上部にバルコニーが残っている。そこから街に対してコーランが朗読されたのだろう。

首里城の石垣

沖縄

七月の初めだというのに日中の気温は三十六度を超えている。強烈な日ざし、それを慰撫するような湿った海風、ウージやガジュマロといった亜熱帯の樹木を眺めながら首里城への坂道を上る。汗が滝のように流れる。

玉陵《たまうどぅん》という琉球王族の墓所を過ぎると首里城公園の入口が見えてくる。正面に見える守礼門を目指して緩やかな坂を上る。守礼門の手前で、艶やかな深紅の民族衣装を着た女性を囲んで記念写真を撮る観光客の人だかりがある。そこを抜けると、見たことのない曲線を描く白い城壁が見えてくる。柔らかくうねった石灰質の白い障壁が丘の頂へと誘う。石が多孔質なせいか、音が壁に吸い込まれていくようだ。歓会門、瑞泉門、漏刻門、広福門といくつもの城門をくぐりながら正殿へと向かう。最後の奉福門をくぐると御庭《うなー》といわれる儀式などが行われるもっとも重要な広場へと出る。

首里城は、二〇〇〇年の沖縄サミットの会場として幾度もテレビに映像が流れた。不思議と惹かれる気がして、是非一度訪れてみたいと思っていた。首里城の建物の良否が気になったのではない。どのような気持ちで沖縄の人たちは首里城再建を夢見たのかが気になったからだ。ここには幾重にも複雑に重ねられた人

瑞泉門に至る階段。石の量が圧倒的に多い。城壁が折れ曲がるところの上端が柔らかく突出するフォルムが美しい。

の思いがある。構築物の風景をテーマに書いてきたが、目に見えるものだけが構築物なのではない。目に見えないもの、それを手にしようとする意志、心の中に描かれるものこそが本当の意味での構築物なのだ。

首里城は沖縄を巡るさまざまな歴史を映してきた。十五世紀に尚巴志が沖縄を統一してから一八七九年に明治政府に依る琉球処分によって沖縄県が誕生するまでの四五〇年のあいだ、首里城は常に王権の中心だった。その後、主人なき首里城は軍に使われたり学校になったりして荒れていった。荒廃が進み解体されることになったことを知った伊東忠太が保存に動いたという逸話も興味深い。解体修理が進む中、一九四五年の沖縄戦で軍の司令部が首里城の地下に置かれたため猛攻撃を受け、跡形もなく破壊された。灰塵に帰した丘は、面影を留めるものはなく、長い間大学用地として使われてきた。本土復帰の翌年から復元の動きが始まった。八六年には閣議決定で首里城公園として都市計画決定がなされ、本格的復元事業が開始された。九二年には主要施設の整備が整い、二〇〇〇年には首里城を含む琉球王国の城《ぐすく》が世界遺産に登録された。復元作業は現在も継続されている。

資料を見ると、建築群の復元はたいへんな作業だったらしい。なにしろ僅かな写真を手掛かりに復元していくのだから、木造の組み方やディテールなどは想像に頼るしかない。色濃く影響を受けたとされる韓国や中国の建物も参照され、本土の木造建築の技術も参照された。実際に訪れてみると、首里城の建物はいかにも新しい。時を刻んでいない真新しい歴史的な建物、という逆説的な違和感は拭えない。しかし、見方によっては、それすらこの建物が置かれた特異な事情を物語っているようにさえ思える。

それに対して、石垣の姿はいかにも魅力的だ。現在の首里城の魅力は石垣にある。石垣がなければ、あるいは、これが江戸城のような石垣だったら、印象は全く違うものになっていただろう。建物より石垣の存在感のほうが圧倒的に大きい。このあたりが天守閣を持つ本土の城郭とは違う。確かに建物も一生懸命復元されているが、城全体の雰囲気をつくり出している主役は、まぎれもなく白く柔らかい城壁だ。地形なりに展開される石垣群は、この場所の地形に寄り添うようにつくられている。御庭周辺はともかく、それ以外の場所は、石垣がこの丘をしっかりと支えている。

この公園事業ほど強く求められて建ち上がった公共事業もないのではないか。地方都市に時折見かける御座なりの風土を演出するための安易なコンクリート造の城郭とは、思い入れの強さがまったく違う。沖縄の人たちがここに求めたものは、自分たちの精神的な存在の拠り所なのだ。ここで向き合っているものは、歴史であり、文化であり、風土であり、未来であり、そして何よりもそうしたものすべてを含んだ現在なのだ。

城壁と歓会門を望む。丘全体が公園整備の対象地となっている。城壁のかなたに正殿などの建物群の屋根が僅かに見える。

正殿は不思議な建物だ。明や清の使者を歓待することが大きな目的だったという。二段の屋根は紫禁城を思わせる。御庭の縞模様は、官位に従って家臣が整然と並ぶためのもの。

主要部分の完成で一段落したが、首里城公園の整備は現在でも進められている。決められた順路を外れると、あちこちで工事をしている光景に出会う。全体が完成すればかなり広いエリアが市民の憩いの場となるだろう。

石積みは沖縄の風土の中で培われた文化のひとつだ。城壁も石畳も同じ素材でつくられている。石でありながら優しい印象を持つのは、石灰岩の柔らかさ故だろうか。城壁の石積みの下段の一部に昔のものがわずかに残っている。

黒部川第二発電所 小屋平ダム

富山

黒部といえばクロヨン、すなわち第四ダムを思い浮かべる人がほとんどだろう。映画「黒部の太陽」での三船敏郎や石原裕次郎を思い浮かべたり、NHKのプロジェクトXの主役であった中村精さんを思い浮かべる人もいるかも知れない。高さ一八六メートル、幅四九二メートルにもなる第四ダムのスケールの大きさは、周囲の地形と相俟って戦後日本の一大事業のドラマの舞台として申し分ない。しかし、ここで紹介したいのはこの第四ダムではない。戦前につくられた黒部川第二発電所と小屋平ダムについてだ。

黒部渓谷に分け入るには、宇奈月温泉からトロッコ電車に乗るところから始まる。小さなトロッコ電車は、千尋の谷を縫うように走っていく。そのダイナミックな景観は他に類を見ない。黒部のすばらしい渓谷を一時間ばかり掛けて抜けると突然視界が開け、フィーレンデールトラスの個性的な橋の向こうに、第二発電所の白い建物が姿を現す。一見、どこにでもあるような建物だが、しばらく見ているとそのすばらしさが分かってくる。単純なラーメン構造の建物だが、端正な立ち姿、揺るぎないプロポーション、周囲の景観との対比がすばらしい。近代建築でつくられた神殿のような趣がある。

設計は山口文象。近代建築運動の黎明期の大きな流れである分離派建築会のメンバーであり、その後、近代建築の生みの親ともいうべきドイツのワルター・グロピウスの元で学んだ。戦前戦後の建築界のリーダーのひとりだ。山口は、建

両側まで迫った深い谷筋に重力型の堤体が築かれている。谷底が細く狭まっている様子が見える。ふたつの水門を支えている3つの塔屋のうち、真中の塔屋が他とは違っている。堤体の機能からもたらされたこの形によって、全体の形態的特徴がまとめ上げられている。

築家でありながら土木構造物の意匠にも多数かかわった。関東大震災の後の震災復興局に製図工としてかかわり、当時橋梁課長を務めていた田中豊の推輓もあって、日本電力のダムの設計にかかわることとなる。

日本電力の土木部長であった斉藤孝一郎の竣工時の雑誌発表に寄せた一九三八(昭和十三)年の文によると、一般的に河川の土木構造物は「判で押した様に型に嵌つたもの許り多く、多少なりとも外観の調和に考慮して設計されたものが至つて少なく、付近山水の景趣は兎も角、構造物自體は如何にも殺風景」であると断じている。さらに、我が国随一の峡谷として国立公園に指定されている自然景観の中で構造物をつくるからには、それに相応しいものでなければならない、と力説し、それ故に、建物のみではなく工作物全般のデザインの指揮を山口に託した、とある。当時としては、異例のことだったに違いない。

それを受けた山口の弁も面白い。黒部の景観を絶賛した後、この自然の中で膨大な量の近代的な構造物をどういう姿勢でつくるかを述べている。設計の過程で、監督官庁から、国立公園なのだから発電所は茅葺きの屋根を、堰堤は土橋のごとく、コンクリートには蔦を這わせては、などという指導があったと披露している。富士の霊峰を背景にして海洋に浮く「陸奥」の姿も得難い風景ではないか、コンクリートや鉄の構造物だからといって自然に受け入れられないことはない、問題はその構造物の機能的性格が偽りなく自然に表現されているかどうかに

フィーレンデールトラスの赤い橋（上）、黒部の清流と発電所の建物（下）。河が大きく左側に彎曲する所に建物は建っている。当初は、建物手前の擁壁はなかった。音を立てて流れる黒部川の清流の向こうに見えるこの建物の凛々しい立ち姿は、実際に現地に立ってみないと分からない。ここから8.4km上流に小屋平ダムがある。

沈砂池の中を大量の水が音を立てて流れる。天気の良い日は、水煙の中をトップライトからの筋状の光が深い緑色の水面を照らし出す。

懸かっている、と論じている。戦争に向かう雰囲気の中で、それを逆手にとって近代的なものの考え方を説得する山口のしたたかさが看て取れて興味深い。これは、近代建築が世の中に受け入れられるために一貫して取ってきた論の立て方だ。ただし、この詭弁が許されるためには、形を純化していくおおいなる才能と自然や周囲の環境に対して限りない敬意を払う謙虚な姿勢が不可欠だ。

第二発電所を過ぎると小屋平ダムに至る。このダムの堤体の形が面白い。機能的なものからほとんどのことが決まって来ているのは当然だが、堤体上部の中央の塔屋の形が流線形になっていて、ダムの形態全体を引き締め、まとめ上げる役割を果たしている。そのあたりの造形手法が、いかにも分離派の好みが活かされているようで興味深い。

堤体の横に、沈砂池といわれる上が覆われた大きなプールのような場所があり、その両端に水門を格納する建物がある。普通なら何の工夫も凝らさないところだろうが、これがなかなかすばらしい。ふたつの建物はゆるく円弧を描き、明かり採りの窓が細く横長に開けられている。形に対する細やかな配慮が、沈砂池上部に出来たコンクリートの殺伐とした広場に、柔らかな印象を与えている。沈砂池の内部もすばらしい。ごうごうと音を立てて流れる大量の水に、広場に穿たれた細かなトップライトから光が落ちてくる。言葉を失うような荘厳かつ美しい光景だ。誰が見るでもないこの空間にも、山口はさまざまな工夫を凝らした。

沈砂池脇に建つ水門の塔屋。緩やかに円弧を描く形態が特徴的。だいぶ老朽化が進んでいる。横長に穿たれた窓など、きわめて現代的なデザイン。

一般に、建築は人に接するところにつくられる。ここでは、きわめて限られた人しかその姿形を目にすることはない。しかし、そうした場所だからこそ、美しい自然に対して恥じることのないよう、人知を尽くして考え抜くのが土木の本懐なのではないか。土木のデザインとは、人知れぬ山の中で、自然を相手に、自らの良心だけを支えにつくり上げられるものなのかも知れない。建築家であり土木造形家でもあった山口の意気込みが七十年の時を経ても伝わってくる。

阿蘇・草地畜産研究所

熊本

広がる牧草地と堆肥倉庫の建物。屋根の白く見える部分は、光を採り入れるためのポリカーボネイトの波板。黒い壁は金属葺き。一面緑の中に浮かぶ白と黒の建物。

いつ訪れても阿蘇は何かを語りかけてくる。それが何か、はっきりとは言えない。人間を超えたもの、再生する自然、気の遠くなるような時間、巨大な地形の持つ意志。そのようなさまざまなメッセージが、外輪山の尾根の頂に身を置いた瞬間、一挙に襲ってくる。展望台に立てば、外輪山の描く巨大な尾根の円弧、その擂鉢の底に霞んで見える人家や畑、それらが一望できる。これほど人の営みの小ささを思い知らされる風景もない。

ずいぶん前のとあるシンポジウムでのことだ。ひとりの外国人が壇上で説明を始めた。牛にとって気持ちがいい建物を設計したんだ、人間のほうは多少不満かも知れないけどね、それと日本は雨が降るから建物は傘をさすかレインコートを着るほうがいいんだ、とおどけながら傘やレインコートのイラストをスクリーンに映し出した。一メートル九〇センチを超える巨漢の男は、イギリス人らしい洒落たウィットで聴衆を煙にまいて、いかにも楽しそうに建物のプレゼンテーションをした。細川護熙元首相が熊本県知事の時代、熊本アートポリス構想というプロジェクトが立ち上がった。県内に建てられる建物のめぼしいものを、全国レ

一面緑の草地の中に11の建物が散在する。広がりのある風景の中では、建物は簡素なほうが良い。1つひとつの建物が、使われる機能によって微妙に形を変える。限られた素材と限られた構法が、それらを繋ぎ合わせ、ランドスケープにまとまりを持たせている。

ベルで活躍している建築家に設計を依頼し、地域の刺激剤にしようという画期的な試みだった。この事業は、歴代知事の理解も得て現在も継続している。この事業のひとつとして、ヨーロッパの建築活動の重要な拠点のひとつであるロンドンのAAスクールで教鞭をとっていたトム・ヘネガンが指名された。トムは一九九〇年に来日し、東京を本拠地としてこの仕事に取り組んだ。

阿蘇の外輪山、大観望の近く、尾根沿いに走る通称ミルクロードと呼ばれている牧草地が続く道の終わりのあたりに熊本県草地畜産研究所がある。ここでは、高原特有の気候条件と草地を利用して、家畜の飼育生産と肥育の技術を研究している。場内の草地のあちこちに牛や馬が散開して見える。トムが手掛けたのは、この中にある畜舎や倉庫といった十一の施設群だ。日本ではめったに見ることができない広々と広がる草原の丘、うねるような柔らかな緑の絨毯のあちこちに、ポツンと置かれるように建物が建っている。遠目から見る外観からはこれといった特徴はないように見える。どれもいかにも控えめな建物だ。しかし、広がりのある所では建物は簡潔な形態のほうが良い。簡潔であればあるほど、敷地との応答の仕方が明快になるからだ。よく見てみると、屋根の形、建物の敷地とのバランス、ディテールや素材の扱い方、どれをとっても配慮が行き届いた建物であることが分かる。基本的には切妻屋根で、上のほうは銀色の金属板葺き、低い所は黒の金属板葺きといった地味な出立ちだ。建物の構造は、手荒く使う壁の部

切妻屋根の単純な形態には、簡素であることが精神的な気高さに繋がるというようなメッセージを感じる。こうした建物の在り方自体が、バブル期の建物の鋭いアンチテーゼとなった。

分はコンクリート、その上は木造の小屋組がスタンダードで、堆肥倉庫はスパンが大きいので鉄骨のトラスで組み上げられている。

狂乱のバブル経済の後、人々は建物に精神性を求め始めていた。この建物の特徴を一言で言えば、建物なんて難しく考えないでもっと単純で良いのではないか、というところにある。複雑に思考や思いを重ねれば重ねるほど建築は饒舌になり、それと同時に力を失っていく。簡素な佇まい、単純な構成、素材との対話、このプロセスなくして建築は、場所と語らい、大地と交歓することはできない。

建物が完成してから十年、時を経てすっかりこの土地に馴染んでいる。牛や馬が気持ち良さそうに日なたぼっこをしている。トムが言うように彼らにとっては快適な環境になっているようだ。牛や馬の顔つきもいい。あらためて訪れてみてすばらしいと思ったのは堆肥倉庫だ。堆肥がいくつかのコーナーに分かれて保管されている。何の無駄もない簡素な建物だが、むき出しの構造と屋根からの光が、不思議なことに教会のような荘厳な静寂を生み出している。ここで試みられているのは大袈裟な建築表現ではない。あくまでも大地と語らうこと、その中に見出される詩的な表現だ。トムはこの場所と語り合ったのだろう。そして建物はいまだに大地と会話を続けている。つまり、風景になりつつある。

半透明のポリカーボネイトの屋根から、柔らかな光が内部空間を満たす。車両が頻繁に出入するためスパンが長いので、鉄骨の構造になっている。これ以上ないほど簡素な素材の構成。堆肥の色と内部空間の相性がすばらしい。

アルテピアッツァ美唄　北海道

夕張や美唄は炭鉱町として習った記憶がある。ここで取り上げるアルテピアッツァは美唄にある。美唄はアイヌ語でビオバイ、からす貝の多いところ、という意味らしい。内陸の美唄になんでそんな名前がついているのか不思議だ。アルテピアッツァは、美唄市と彫刻家安田侃《かん》が共同で十年にわたり手を加え続けてきた場所だ。小学校と周辺敷地を含む二万平方メートルの土地が対象になっている。

安田さんは、一九四五年に美唄に生まれこの地で育ち、東京芸大の大学院を出てミラノに渡った。以来、イタリアの代表的な大理石の産地であるカラーラの近く、フィレンツェから八〇キロのところにあるピエトラサンタを本拠地に活躍する世界的な彫刻家として著名だ。

アルテピアッツァは安田さんの命名で、イタリア語で芸術の広場という意味だ。廃校になった小学校を改修し、その中にアトリエをつくり、保育所をつくり、体育館や古い教室を安田さんの彫刻が並ぶギャラリーに変えた。屋外は、安田さんの彫刻が並ぶ贅沢な屋外美術館となった。近くには、かつてはうなりをあげてフル稼動していた炭鉱の揚重機や無数の高圧電線が張られていた送電所の跡が残されている。何の役割も果たさなくなった構築物や建物は、不思議なことに時とともに哲学的な表情を持ちはじめる。

古い木造校舎が残されている。校舎周辺は彫刻公園のようになっている。白い水路、彫刻、テラス、水盤、いずれも安田侃さんの手に依るもの。活動の本拠地であるイタリアのピエトラサンタから運ばれてきた石だ。彫刻はこの地に流れていた時間の語り部のように見える。ここは時と語らう場なのだ。

炭鉱が盛況の頃の美唄は九万人の人口を擁し、最新の映画が上映される映画館が三館もあり、洋服も銀座のファッションがいちはやく洋品店の店頭を飾ったという。ここにはさまざまな歴史の光と影が眠っている。最盛期には炭鉱地区の人口は六万人に達したという。かつては多くの外国人労働者が動員され、過酷な労働に従事した。戦前戦後を通して幾度かの落盤事故もあった。炭鉱は一九七三年までにすべてが閉山になり、現在は人口三万人のこぢんまりとした街になった。

世の流れは早い。人の思いを待っていてはくれない。多くの人たちの思い出を積み残したまま街は衰退した。アルテピアッツァを中心とした街づくりは、そうした積み残されたさまざまな記憶や思い出への鎮魂歌のように思える。しかし、多くの場合、記憶や思い出は個人の脳裏の中に留まって消滅していく。それ自体は他に働きかける力を持たない。時代を超えてそれを語り継ぐためには、未来への想像力と知恵がいる。

現代の抽象彫刻にあまり心を動かされたことはない。もともとそういう感性に欠けるところがあるのかも知れない。しかし、ここで見る彫刻たちは何かが違う。木造二階建ての校舎の薄暗い教室に、ポツンと白い大理石の小さな彫刻が置かれている。彫刻の柔らかな形は、周囲に独特の磁場を生み出している。柔らかく回り込む白い肌は、母のようでもあり子供のようでもある。これらを眺めてい

体育館内部。木造校舎や体育館は安田侃の彫刻が置かれるギャラリーになっている。古い木造校舎は静謐な空間と寡黙な現代彫刻の対比がすばらしい。柔らかな大理石の肌は、人の体温をイメージさせる。

ると、不思議にかつてここに居た人たちの温度が石に宿っているような気になって、ふと触りたくなる。慈しみたくなる。

彫刻やランドスケープは、単なる美しいものをつくり出そうとするだけなら、底のほうから湧き上がってくる力を持ち得ない。安田さんの仕事に力を与えているのは、やはり沈潜する記憶なのだと思う。それは同時に、この場所に生きてきた人たちの記憶でもあるのだ。大切なことは、アーチストが彫刻をこの場所に置くということを通して、さまざまな記憶が歴史の闇からノスタルジーという回路を通って呼び戻されるところにある。安田さんの意図もそこにあるはずだ。

ここでの彫刻は、時間の語り部のようだ。彫刻は具体的な何かを語るのではない。大いなる勇気を持って歴史を現在に召還すべきだ。そして、ただ懐かしんだり、回顧したりするのではなく、未来をつくり出す創造的な精神の中に回収すべきだ。何故なら、荒れ果てた故郷や疲れ果てた都会の風景は、そこに連綿と重ねられて来た時間の堆積、それを歴史と呼んでも良いのだが、そうしたものたちへの冒瀆否定の上に成り立って来たからだ。全国の地方都市が街づくりに思い悩んでいる。街づくりとは、歴史から切り離されてしまった現在の街を、時間の流れの中に取り戻すことなのではないかと思う。時代の波を正面からかぶってしまった美唄という街に起きたこと、そしてここでやろうとしていることの方向性は、どこの街にもあてはまることだと思う。

丸い水盤、水路、彫刻、白い石と周辺の緑との対比が鮮やかだ。雪が降れば、すべてが白に包まれる。白い石の表面を流れる水は、この場を浄めているように見える。水盤の水は鏡のように静かで、あたかもこの地に流れてきた時間を映し出しているようだ。

上／「帰門」という題名が付けられた彫刻。中央に掲げられた球体に亀裂が刻まれている。叫びのようだ。
左／彫刻とベンチ。何気ない風景。今と昔を連想させるランドスケープによるゲーム。

東京高速道路

東京

『君の名は』の舞台となった数寄屋橋。ラジオドラマの翌年松竹で映画化されて、岸恵子の真知子巻きが一大流行となった。数寄屋橋公園には、原作者・菊田一夫の筆による「数寄屋橋ここにありき」の碑が立っている。

最近つくづく思うのだが、日常風景の一部になって当たり前のように享受している環境が、実は一九六〇年代につくられたものが意外に多いということだ。現在のような情けない風景になってしまったのは、六〇年代の取り組み方が悪かったからだ、と言うのはたやすい。今になって初めて言えることもある。でも、それがつくられた当時は、みんな必死だったのではないか。絶望的な焼跡からの復興。一面焼け野原の戦災後の古い写真を見れば、そこから立ち直ろうとする人たちの意志が、いかに苛烈なものであったかは想像に難くない。

羽田から都心へ向かう首都高速。芝浦を抜けて汐留の超高層が見えてくるあたりで左折して枝道を行くと、料金所のようなものがあってカードを手渡される。二キロほど走ると、また同じ料金所のようなものがあって、そこでカードを返すことになる。何回となくこの道を通り、何回となくカードの受け渡しをしていたわけだが、何故そんなことをしなければならないのか分からなかった。カードは長い間、私にとっては謎のカードだった。恥ずかしながら、この部分が東京高速道路の区間であることを知ったのは最近になってからだ。この区間は無料になっているので、直接接続している有料の首都高との間で、このカードはいわば無料区間の通行手形になっている。カードには、首都高速道路乗継券、汐留—西銀座・白魚橋、首都高速道路公団、と表示がある。

もともとこの場所には外堀の一部が流れていた。掘割は銀座を囲むように流

建設時、ヘドロと下水とゴミと戦いながら工事は進められた。（提供：東京高速道路株式会社）

0120-100100
DUSKIN
SERVE 100

れていて、数寄屋橋や新橋など、今に地名を残すいくつもの橋が架かっていた。なかでも数寄屋橋は、一九五二年にNHK連続ラジオドラマとして放送され、翌年に佐田啓二と岸恵子の主演で映画化された『君の名は』で有名だ。このあたりは、江戸時代は大岡越前で知られる南町奉行所があった。また、有楽町の名前は、家康に仕えた茶人織田有楽斎《うらくさい》の屋敷があったことに由来する。そうした歴史を刻んで来た場所の運河を埋め立ててつくろうというのだから、計画当初は議論百出した。

都市の美しさの観点からも防火の点からも銀座から川が消えてしまうのはまずい、完成すれば万里の長城のようなコンクリートの城壁で銀座が孤立してしまう、などの意見があった。都市はそうやってダイナミックに変貌し続けるが故に活力を維持できるのだとも言えるし、都市の魅力は歴史的な骨格や輪郭を留めるからこそ醸し出されるのだとも言える。もともと都市の骨格であった水面を埋め立てたことの是非は、もっと長い時間を待たねば分からないだろう。

東京高速道路の下は、テナントで埋められている。このテナント料で東京高速道路株式会社が運営されている。数寄屋橋のあたりを歩いていて、ギャラリーや飲食店が入っているテナントビルの上を車が走っているとは、誰も想像できない。何故このような他に例のない面白い道路が出来たのか。東京高速道路が設立された経緯は興味深い。そもそも東京高速道路は、戦後になって銀座が復興する

数寄屋橋あたり。外堀、汐留川、京橋川を埋め立てて建設された。ここは、関東大震災後の復興橋梁もいくつか架かっていた。
（提供：東京高速道路株式会社）

なかで、急速に増えた自動車交通を緩和するために、銀座を取り囲む外堀、汐留川、京橋川を埋め立てて建設された。日本最初の高架による無料自動車道路だった。一九五一年、財界人二十三人が発起人となって東京高速道路株式会社が設立され、五三年着手、十三年かけて六六年に完成した。今でいう民活やＰＦＩの先駆けだ。建設費と運営費をテナントの賃貸料で回収するという画期的なアイデアだった。その筋金入りの勇気と熱意は、経済的な収支が合いさえすれば何でもありのいまどきの安易な都市再生とは違う。

高層ビルの上から銀座を眺めれば、変貌しつつある銀座の輪郭を東京高速がくっきりと描いているのが分かる。かつては水が流れていたところを、今は車が流れている。その時代を思い浮かべてみなければ分からないこともある。目の前に広がる焼跡の廃墟と復興しようとする激しい意志。それは、情報化社会の目に見えない心の廃墟と戦っている今の私たちにはない特別な心情だ。見える廃墟と見えない廃墟。どちらも手強い。物質的な廃墟と心理的な廃墟、位相も全く違う。いずれにしても、廃墟に立ち向かうということは、空虚なものに向けて何かを構築するということだ。虚無に立ち向かうということだ。構築物の風景の背後にある熱い物語に耳を傾けてみよう。そこに未来への勇気と豊かな想像力の糧があるはずだ。

下にテナントが入るということから、構造形式とエクスパンションをどのようにつくるかが問題だった。改善を施しながら、吊り桁構造、突き合わせ構造、持ちかけ構造の3種類の構造形式でつくられている。

人はなぜ物をつくるのか

最近、建築が新聞や雑誌、テレビなどのメディアに頻繁に取り上げられる。建築の周辺は一見華々しいが、本当にこれでよいのか、と思うことも少なくない。人口減少や高齢化に限らず、戦後つくり上げてきたさまざまなシステムが制度疲労を起こし始めている。社会が根底から変わろうとしている。だから足元を見れば問題は山積している。華やかな建築デザインは、いかにも脳天気に我が世の春を謳歌しているキリギリスみたいなものだ。それを消費社会にいちはやく適応した姿だということもできるだろうが、果たしてそれでよいのか。

私は、二〇〇一年から東京大学の土木学科に勤めている。現在は社会基盤学科と名前を変えている。それまでは、市井の建築家として二十年間建築の設計事務所を主宰してきた。由緒正しいアカデミックな積み上げをしてきたわけでもないので、いわば変わり種の教師といえる。以来、できるだけ客観的な立場で、土木分野に建築の良い所を移植すること、悪い所は批判的に伝えること、また、新たに得た知識をベースに建築に警鐘を鳴らすこと、を自らの使命と考えている。

この間、感じたことは、土木と建築のふたつの分野は、共通の工学的な基盤に拠りながら、全く異なる文化を育ててきた、ということだ。自己表現や自己救済を中心とする建築の文化は、仏教でいえば小乗的な考え方に近い。一方、無私の精神と他者の救済に重きを置く土木は、大乗的な考え方に近い。どちらも良い点があるのだが、どちらにも欠点がある。お互いの良い所を合わせたところに、これらの分野の未来がある、と思っている。だから建土築木なのだ。

現代建築の大きな特徴を問われれば、透明性と軽さ、と答えておけば間違いないだろう。これが建築デザインの最前線だ。コーリン・ロウという評論家がこれを言い始めてから、これらの特徴が、皆が信じる金科玉条の旗印になった。脱構築、皮膜化、隠れる、などそれに続く在り方が現れた。これは独創性を好み、ひとつのテーマに飽きっぽい建築家が、透明性と軽さの次に生み出した目新しいものの言い方だが、大きく捉えれば、同じこととといえる。

これらの傾向を一言で言えば、自己否定と匿名性、ということができる。何か新しいものを生み出すことに対する否定的な気持ち、人間の存在そのものに対する罪の意識がそこに見え隠れしている。ここには、近代を生み出す主要な舞台となったキリスト教社会の持つ原罪意識が裏にあるに違いない。少し考えを進めてみれば、この構図は矛盾し、いくつもの捻れを内包していることが分かる。

近代建築はその理想として、常に重力からの離脱、地面からの離脱を目指してきた。建築は自然に対置する価値として考えられ、その存在自体が悪である。だから、それらはできるだけ物質感から遠く、存在しないかのように存在するのがよい。つまり、透明な方が好ましい。また、できるだけ少ない物質でつくられていた方が、一見、自然に対するダメージも少ないように見えるので、軽い方が好ましい、ということになっている。

しかし、これはまやかしに過ぎない。巨大な近代生産諸力を背景にした存在そのもののパワーとその現れであるデザインとの間に、逆方向のベクトルが働いている。この乖離は、もはやデザインそのものを危機に陥れているのではないかという危惧を抱いている。つまり、物事の現れであるデザインは、深層を露にするのではなく、それを包み隠すような在り方へと向かっているのではないかということだ。巨大資本が建てるガラス張りの超高層やアトリウムは、その中で蠢いているパワーを表現しているわけではない。それ自体の存在と量感を消そうとしているのだ。構造、空調設備、エレベーターシステム、センサーなど、あらゆる近代的な技術を駆使して、自らの存在のパワーと巨大さを隠そうとしている。それも無意識のうちに。かつてL・マンフォードが言ったように、あらゆる建築は社会的責任を免れないとするならば、このような現れ方をしている建築は、おおいなる偽善の姿形だといえなくもない。

いうまでもなく、近代という社会システムは、強烈な生産システムを背景に、人間社会に多くの可能性を生み出してきた。H・G・ウェルズが看破したように、鉄道という交通手段がなければ、アメリカやロシアといった巨大な国土を持った国家は生まれなかったろう。また、海運がなければほとんどの巨大都市は成り立ち得なかったろう。つまり、そうした近代が生み出した工業生産技術を前提にしなければ、今という時は存在しないことは明らかだ。

世界の人口は十五世紀あたりまではずっと五億人あたりで推移していたが、近代の曙であるルネサンスを過ぎるあたりから漸増し、二十世紀を跨ぐころには十四億人にまでなった。そこからは、爆発的に増加して、現在は六十五億人にまでなったという。実に一〇〇年で四倍以上になったのだ。これを可能にしたのが、近代というシステムなのだといえる。だから、今それを否定してみても始まらない。われわれはともすれば原始的な世界を理想としがちだが、近代というシステムを否定することは、五十億人ぐらい消えてなくなることを前提としなければならない。だとすれば、我々の社会の大前提は、近代という情け容赦のないシステムと向き合い、それを受け入れることでしかあり得ない。

さて、多くの土木構造物は、建築同様に近代の申し子であるにもかかわらず、一見軟弱な現れ方をしてみせるという器用さを持ち合わせてこなかった。ほとんどが公共事業であり、巨大なパワーは誇示すべきものでありこそすれ、隠すべき対象ではなかったのだ。戦災復興にひた走るうえで、近代化は国是であり、そのスタイルではなく、それ自身の素直な表現、巨大さとパワーのありのままの姿を実現していればよかったのだ。だから、大衆の目線を気にした透明性にも軽さにも無頓着だったといえる。どのような目線で見られるかを気にする必要がなかった。皮肉な言い方をすれば、いわば、隠れ損なった近代の立ち姿、といえなくもない。そこに露になっていたのは、パワフルな近代の無垢な底力そのものだ。全く不器用なこの在り方は、偽善に満ちた建築のデザインより遥かに健全だ。個人的には、こちらの方が好きだ。

この本で扱った構築物は、最初の東京タワーと最後の東京高速を除いて、一貫性がない。実はかなりの部数を誇るのだが、一般にはあまり知られていない『CE　建設業界』という主として土木系の関係者に配付される業界誌に毎月連載したものをベースにしているためだ。最初と最後に何を書くかは決めていたが、後は思い付くままに取りあげていった。構築物なら何でもよい、という寛大な編集方針に甘えた結果だった。唯一のオーダーは、読者が全国津々浦々に居るので、できるだけ書く対象を全国に分散してほしい、ということのみだった。

ここに掲載されたエッセイに対する私の思い入れを単純な言葉で言えば、人はなぜ物をつくるのか、ということだった。建築から街づくりや都市計画まで、現実に物づくりに数多く関わってきて、その度ごとに感じたのは、多くの人の経済行為を越えた何かが物事を動かす根底にある、ということだった。それなくしては何事も現実のものにはならない。根底には、つくりたい、という強い思いがある。古いものであれ新しいものであれ、そのいわば人間の狂気を概観するつもりで、毎月のエッセイをまとめていった。

■写真撮影

内藤 廣
pp.013（上）, 026-027, 032-033, 042-055, 080-111, 116-117

長田潤子／内藤廣建築設計事務所
pp.018-025, 034-039, 070-075（上）, 077, 112-113, 118

蛭田和則／内藤廣建築設計事務所
pp.057-061

三島 叡／日経BP社 pp.062-063
安川千秋 pp.066-067
関 文夫 p.068
毎日新聞社 pp.013（下）, 076

■写真提供

財団法人 柳工業デザイン研究会 pp.028-030
西日本高速道路株式会社 四国支社 p.069
瀬良 茂（所蔵）／提供：広島市公文書館 p.075（下）
東京高速道路株式会社 pp.115, 118

pp.126-127の一覧写真は前頁までの重複掲載
（牧野富太郎記念館のみ初出：蛭田和則撮影）

■初出

日本土木工業協会
『CE建設業界』2003年1月号-12月号連載「構築物の風景」
pp.018-039, 046-077, 082-119
（ほか書き下ろし）

モエレ沼公園
［北海道］
アルテピアッツァ美唄
［北海道］
東京タワー
［東京］
東京高速道路
［東京］
東名高速防音壁
［東京］
横浜港大さん橋
国際客船ターミナル
［神奈川］

首里城の石垣
[沖縄]

黒部川第二発電所・
小屋平ダム
[富山]

阿蘇・草地畜産研究所
[熊本]

広島ピースセンター
[広島]

牧野富太郎記念館
[高知]

四国横断自動車道
鳴門—板野
[徳島]

内藤 廣｜Hiroshi NAITO

建築家／東京大学大学院工学系研究科社会基盤学教授

一九五〇年横浜生まれ。七十四年早稲田大学理工学部建築学科卒業、七十六年同大学大学院修士課程修了（吉阪隆正研究室）。フェルナンド・イゲーラス建築設計事務所（マドリッド）、菊竹清訓建築設計事務所を経て、八十一年内藤廣建築設計事務所設立。二〇〇一年東京大学大学院工学系研究科社会基盤学助教授、〇三年同教授。

おもな作品に、海の博物館（芸術選奨文部大臣新人賞、日本建築学会賞、吉田五十八賞）、安曇野ちひろ美術館、牧野富太郎記念館（村野藤吾賞、IAA 国際トリエンナーレグランプリ、毎日芸術賞）、倫理研究所富士高原研修所、島根県芸術文化センターなど。

おもな著作に、『建築のはじまりに向かって』『建築的思考のゆくえ』（王国社）、『建築の終わり』（共著、TOTO出版）、『グラウンドスケープ宣言』（共著、丸善）など。

建土築木 1｜構築物の風景

発行 二〇〇六年十二月二〇日 第一刷©
二〇〇七年 一月三〇日 第二刷

著者——内藤 廣
発行者——鹿島光一
発行所——鹿島出版会
〒一〇〇-六〇〇六
東京都千代田区霞が関三-二-五 霞が関ビル六階
電話 〇三-五五一〇-五四〇〇
振替 〇〇一六〇-二-一八〇-八八三

印刷・製本——三美印刷
ブックデザイン——吉田カツヨ 一柳知里

ISBN4-306-04477-7 C3052
e-mail : info@kajima-publishing.co.jp
URL : http://www.kajima-publishing.co.jp